まじめにふまじめに
おぼえる
かいけつゾロリの算数

小学2年生

かけ算・九九

9×9

ポプラ社

もくじ

この 本の つかい方

この 本では 「まじめに おぼえる！」「まじめに れんしゅう！」
そして 「まじめに ふまじめに れんしゅう！」の くりかえしで
小学2年生の かけ算・九九を 楽しく マスターできます。

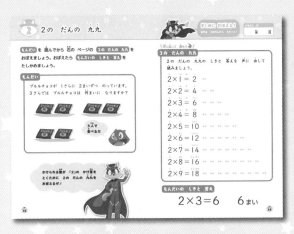

まじめに おぼえる！

れんしゅうの もんだいを
とくために ひつような 考え方を
せつめいしています。
よく 読んで ないようを おぼえてから
つぎの ページの れんしゅうに
とりくみましょう。

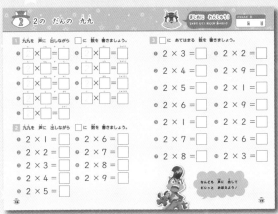

まじめに れんしゅう！

おぼえた ないようを つかって
もんだいを とく れんしゅうページです。
もんだいを ときながら 計算の しかたや
考え方を みにつけましょう。

まじめに ふまじめに れんしゅう！

れんしゅうした 計算ほうほうで
文しょうもんだいを といてみましょう。
おやじギャグいっぱいの
文しょうもんだいに わらって チャレンジ！

答えは 88〜94ページに あります。

キャラクター しょうかい

イシシ
ゾロリを そんけいし、いつも いっしょに 行どうしている。ふたごの 弟は ノシシ。

ノシシ
イシシと 同じく ゾロリを そんけいし、いっしょに たびを している。兄弟そろって 食いしんぼう。

ゾロリ
いたずらの 王じゃを めざして たびを つづける キツネ。いたずらと はつ明、そして おやじギャグが とくい！

ゾロリママ
天国に いる ゾロリの ママ。

ビート
正ぎかん あふれる ねっけつ少年。ゾロリを ライバルだと 思っている。

ネリー
まほう学校に かよう まほうづかいの 見ならい。

ローズ
なぞの スパイ。

ようかい学校の先生
ようかいを そだてる 学校の 先生。

コブル
ブルル社長の ひ書。

ブルル
ブルル食ひんの 社長。

タイガー
わるだくみばかり している 海ぞく。

原ゆたか
「かいけつゾロリ」の 作しゃ。

ふしぎな ガンカケ山<ruby>山<rt>ざん</rt></ruby>

ねがいを
かなえるために
ガンカケ山<ruby>山<rt>ざん</rt></ruby>に
しゅっぱつだー！

はいだー！！

ガンカケ山<ruby>山<rt>ざん</rt></ruby>

てっぺんまでのぼると
どんなねがいもかなう
ふしぎな山<ruby>山<rt>やま</rt></ruby>

でも ガンカケ山<ruby>山<rt>ざん</rt></ruby>は
算数<ruby>算数<rt>さんすう</rt></ruby>の かけ算<ruby>算<rt>ざん</rt></ruby>が
できないと
のぼれないらしい
だよ

だいじょーぶ
だか？

え！？
そう
なのか！？

やっぱり
行<ruby>行<rt>い</rt></ruby>くの
やめるか……

え～！？
ゾロリせんせ
かけ算<ruby>算<rt>ざん</rt></ruby>
にがてだか？

この本<ruby>本<rt>ほん</rt></ruby>で しっかり
べんきょうすれば
だいじょうぶだよ！

1 かけ算の いみ・九九

もんだい を 読んでから 右の ページの かけ算の いみ を
読んで 答え を 考えましょう。

もんだい

ゾロリ・イシシ・ノシシの 3人が ブルルチョコを
5まいずつ もっています。

①ぜんぶで ブルルチョコは 何まい ありますか？
　絵を 見て かぞえましょう。

②5まいの まとまりは いくつ ありますか？

かけ算・九九を おぼえれば 1まいずつ
かぞえなくても 答えが わかるわよ

かけ算の　いみ

🐾 左の　もんだいで　ブルルチョコの　まい数は
1人あたり　5まいずつの　3人分で　15まいです。
このことを　しきで

$$5 \times 3 = 15$$ と書き、

「五　かける　三　は　十五」と読みます。

このように　「1つ分の　数」と　「いくつ分」で
ぜんぶの　数を　もとめる　計算を　かけ算と
いいます。

🐾 かけ算の　答えは　たし算を　つかって　もとめる
ことが　できます。

5×3 の　答えは、$5 + 5 + 5$ の　計算で
もとめられます。

答え

① **15** まい

② 5まいの
まとまりが **3** つ

1 絵を 見て □ に 数を 書きましょう。

□ こ入りの たこやきが □ 人分 あります。

このとき たこやきが ぜんぶで 何こ あるかを 考えます。

たし算を つかうと、しきは

□ ＋ □ ＋ □ ＝ □

かけ算を つかうと、しきは

□ × □ ＝ □

たこやきは ぜんぶで □ こあります。

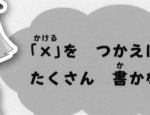

「×」を つかえば たし算の しきを
たくさん 書かなくても いいんだな！

2 絵を 見て □ に 数を 書きましょう。

1セット □本の えんぴつが □ セット あります。
このとき えんぴつが ぜんぶで 何本 あるかを 考えます。

たし算を つかうと、しきは

□ ＋ □ ＋ □ ＋ □ ＝ □

かけ算を つかうと、しきは

□ × □ ＝ □

えんぴつは ぜんぶで □本 あります。

しきの 答えは たし算も かけ算も
同じに なるだ

もんだい を 読んでから 右の ページの 九九とは を 読んで 答え を 考えましょう。

もんだい

あめが 1ふくろに 2こずつ 入っています。下の 絵と しきを 見て あめの 数を もとめましょう。

① 1ふくろの とき

$$2 \times 1 = \boxed{}$$

② 2ふくろの とき

$$2 \times 2 = \boxed{}$$

③ 3ふくろの とき

$$2 \times 3 = \boxed{}$$

あめの 数は
2こずつ ふえてるな

九九とは

🐾 2×1の しきでは、2を かけられる数と いい、
1を かける数と いいます。

$$2 \times 1 = 2$$

かけられる数　　かける数

左の もんだいでは、かける数が ふえていくので
2×1＝2を「に いち が に」
2×2＝4を「に にん が し」
2×3＝6を「に さん が ろく」 のように
おぼえておくと 答えが すぐに わかります。

🐾 このような かけ算の しきと 答えの おぼえ方を
九九といいます。

答え

① 2 こ　② 4 こ　③ 6 こ

九九を おぼえれば テストで
まんてん!? ウウウウ～

ニワトリには……？

ニワトリは　あしが
２本だから……
４羽だと……

２＋２＋２＋２に
なるから……

ゾロリせんせ
それは
たし算だよ！

そっか
かけ算
だったな！

20分たちました

う～ん
どう　かけたら
いいのか……

ずいぶん
なやんでるだな

かけ方に
まような～

ちょくせつ
ごはんに
かけるか

べつの　うつわに入れて
かきまぜてから
かけるか……

たまごかけごはんの
つくり方で
なやんでるだ～!!

コケー!!

ポン！

ぼふーっ

ぶほーっ

もんだい を 読んでから 右の ページの 2の だんの 九九 を
おぼえましょう。おぼえたら もんだいの しきと 答え を
たしかめましょう。

もんだい

ブルルチョコが 1さらに 2まいずつ のっています。
3さらでは ブルルチョコは 何まいに なりますか？

3人で
食べるだ

かけられる数が 「2」の かけ算を
とくために 2の だんの 九九を
おぼえるぜ！

\\ 声に出して 読もう //

2の だんの 九九

2の だんの 九九の しきと 答えを 声に 出して 読みましょう。

2×1 = 2　●●

2×2 = 4　●● ●●

2×3 = 6　●● ●● ●●

2×4 = 8　●● ●● ●● ●●

2×5 = 10　●● ●● ●● ●● ●●

2×6 = 12　●● ●● ●● ●● ●● ●●

2×7 = 14　●● ●● ●● ●● ●● ●● ●●

2×8 = 16　●● ●● ●● ●● ●● ●● ●● ●●

2×9 = 18　●● ●● ●● ●● ●● ●● ●● ●● ●●

もんだいの しきと 答え

2×3＝6　　6まい

2の だんの 九九

1 九九を 声に 出しながら ☐に 数を 書きましょう。

❶ 2 × ☐ = ☐ （に いち が に）

❷ 2 × ☐ = ☐ （に にん が し）

❸ 2 × ☐ = ☐ （に さん が ろく）

❹ 2 × ☐ = ☐ （に し が はち）

❺ 2 × ☐ = ☐ （に ご じゅう）

❻ 2 × ☐ = ☐ （に ろく じゅうに）

❼ 2 × ☐ = ☐ （に しち じゅうし）

❽ 2 × ☐ = ☐ （に はち じゅうろく）

❾ 2 × ☐ = ☐ （に く じゅうはち）

2 九九を 声に 出しながら ☐に 数を 書きましょう。

❶ 2 × 1 = ☐

❷ 2 × 2 = ☐

❸ 2 × 3 = ☐

❹ 2 × 4 = ☐

❺ 2 × 5 = ☐

❻ 2 × 6 = ☐

❼ 2 × 7 = ☐

❽ 2 × 8 = ☐

❾ 2 × 9 = ☐

まじめに れんしゅう！

2×9で にく！ おにくが 食べたい？

とりくんだ 日

月　　日

3 ☐に あてはまる 数を 書きましょう。

① 2 × 3 = ☐　　⑧ 2 × 2 = ☐

② 2 × 4 = ☐　　⑨ 2 × 9 = ☐

③ 2 × 5 = ☐　　⑩ 2 × 1 = ☐

④ 2 × 6 = ☐　　⑪ 2 × 9 = ☐

⑤ 2 × 1 = ☐　　⑫ 2 × 2 = ☐

⑥ 2 × 7 = ☐　　⑬ 2 × 6 = ☐

⑦ 2 × 8 = ☐　　⑭ 2 × 3 = ☐

なんども 声に 出して
ビシッと おぼえよう！

1 ピーチピチの　モモを　イシシと　ノシシが　2こずつ
もっています。2人が　もっている　モモは　あわせて
何こでしょうか？

そろそろ
食べごろだな！

も、もうがまん
できないだ〜

しき		答え	

2 1体の　はにわに　小鳥が　2羽ずつ　とまって
います。3体の　はにわには　小鳥は　ぜんぶで　何羽
いますか？

しき		答え	

3 3人の　おにが　お肉を　2まいずつ　食べました。
おにたちは　ぜんぶで　何まいの　お肉を　食べましたか？

しき

答え

4 ゾロリが　はりきって　切手を　買いにいきました。
2円の　切手を　8まい　買うと　いくらに　なりますか？

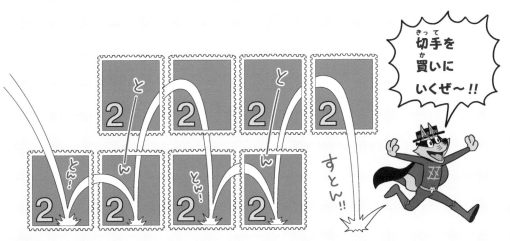

しき

答え

もんだい を　読んでから　右の　ページの　3の　だんの　九九 を
おぼえましょう。おぼえたら　もんだいの　しきと　答え を
たしかめましょう。

もんだい

イシシと　ノシシは　だがしを　3こずつ　買いました。
2人が　買った　だがしは　あわせて　何こですか？

おれさまの
分は……!?

3の　だんの　九九も　教えて
ほしいだ！　サンキュー!!

＼＼声に出して 読もう👉／／

3の だんの 九九

3の だんの 九九の しきと 答えを 声に 出して 読みましょう。

さん いち が さん
3×1 = 3 ●●●

さん に が ろく
3×2 = 6 ●●● ●●●

さ ざん が く
3×3 = 9 ●●● ●●● ●●●

さん し じゅうに
3×4 = 12 ●●● ●●● ●●● ●●●

さん ご じゅうご
3×5 = 15 ●●● ●●● ●●● ●●● ●●●

さぶ ろく じゅうはち
3×6 = 18 ●●● ●●● ●●● ●●● ●●● ●●●

さん しち にじゅういち
3×7 = 21 ●●● ●●● ●●● ●●● ●●● ●●● ●●●

さん ば にじゅうし
3×8 = 24 ●●● ●●● ●●● ●●● ●●● ●●● ●●● ●●●

さん く にじゅうしち
3×9 = 27 ●●● ●●● ●●● ●●● ●●● ●●● ●●● ●●● ●●●

もんだいの しきと 答え

$$3×2 = 6 \quad 6こ$$

1 九九を　声に　出しながら　□に　数を　書きましょう。

❶ さん　いち　が　さん
3 × □ = □

❷ さん　に　が　ろく
3 × □ = □

❸ さ　ざん　が　く
3 × □ = □

❹ さん　し　じゅうに
3 × □ = □

❺ さん　ご　じゅうご
3 × □ = □

❻ さぶ　ろく　じゅうはち
3 × □ = □

❼ さん　しち　にじゅういち
3 × □ = □

❽ さん　ぱ　にじゅうし
3 × □ = □

❾ さん　く　にじゅうしち
3 × □ = □

2 九九を　声に　出しながら　□に　数を　書きましょう。

❶ 3 × 1 = □

❷ 3 × 2 = □

❸ 3 × 3 = □

❹ 3 × 4 = □

❺ 3 × 5 = □

❻ 3 × 6 = □

❼ 3 × 7 = □

❽ 3 × 8 = □

❾ 3 × 9 = □

3 □に あてはまる 数を 書きましょう。

❶ 3 × 5 = □　　❽ 3 × 4 = □

❷ 3 × 6 = □　　❾ 3 × 3 = □

❸ 3 × 9 = □　　❿ 3 × 4 = □

❹ 3 × 8 = □　　⓫ 3 × 5 = □

❺ 3 × 2 = □　　⓬ 3 × 3 = □

❻ 3 × 7 = □　　⓭ 3 × 6 = □

❼ 3 × 1 = □　　⓮ 3 × 9 = □

お金もうけには かけ算の
べんきょうも 大切じゃ！

23

1 ぼうを 3本 もった おぼうさんが 4人 います。
ぼうは ぜんぶで 何本ですか?

しき	答え

2 1本に 3つの 花が さく サザンカが 3本
はえています。花の 数は ぜんぶで いくつでしょうか?

しき	答え

3 この 林には ヤシの木が **3**本 あります。それぞれの
ヤシの木に ヤシのみが **3**こずつ なっています。
ヤシのみは ぜんぶで 何こでしょうか？

ヤシで やしきを
つくりたい！

しき

答え

4 トラを **3**頭 のせた トラックが **2**台 通りました。
トラは ぜんぶで 何頭でしょうか？

しき

答え

もんだい を 読んでから 右の ページの　4の　だんの　九九 を
おぼえましょう。おぼえたら　もんだいの　しきと　答え を
たしかめましょう。

もんだい

1台の　車に　タイヤが　4本　あります。
車が　5台　あると　タイヤは　ぜんぶで　何本ですか？

タイヤは　「本」と
数えるわ

2と　3の　だんは　ばっちりだぜ！
4の　だんも　おしえてよん！

\\ 声に出して 読もう //

4の だんの 九九

4の だんの 九九の しきと 答えを 声に 出して
読みましょう。

4 × 1 = 4

4 × 2 = 8

4 × 3 = 12

4 × 4 = 16

4 × 5 = 20

4 × 6 = 24

4 × 7 = 28

4 × 8 = 32

4 × 9 = 36

もんだいの しきと 答え

4 × 5 = 20　　20本

27

4の だんの 九九

1 九九を 声に 出しながら □ に 数を 書きましょう。

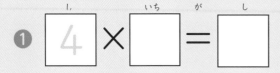

❶ し いち が し
$4 \times \boxed{} = \boxed{}$

❷ し に が はち
$4 \times \boxed{} = \boxed{}$

❸ し さん じゅうに
$4 \times \boxed{} = \boxed{}$

❹ し し じゅうろく
$4 \times \boxed{} = \boxed{}$

❺ し ご にじゅう
$4 \times \boxed{} = \boxed{}$

❻ し ろく にじゅうし
$4 \times \boxed{} = \boxed{}$

❼ し しち にじゅうはち
$4 \times \boxed{} = \boxed{}$

❽ し は さんじゅうに
$4 \times \boxed{} = \boxed{}$

❾ し く さんじゅうろく
$4 \times \boxed{} = \boxed{}$

2 九九を 声に 出しながら □ に 数を 書きましょう。

❶ $4 \times 1 = \boxed{}$

❷ $4 \times 2 = \boxed{}$

❸ $4 \times 3 = \boxed{}$

❹ $4 \times 4 = \boxed{}$

❺ $4 \times 5 = \boxed{}$

❻ $4 \times 6 = \boxed{}$

❼ $4 \times 7 = \boxed{}$

❽ $4 \times 8 = \boxed{}$

❾ $4 \times 9 = \boxed{}$

3 □に あてはまる 数を 書きましょう。

① 4 × 1 = □

② 4 × 9 = □

③ 4 × 7 = □

④ 4 × 6 = □

⑤ 4 × 3 = □

⑥ 4 × 2 = □

⑦ 4 × 4 = □

⑧ 4 × 5 = □

⑨ 4 × 8 = □

⑩ 4 × 7 = □

⑪ 4 × 8 = □

⑫ 4 × 9 = □

⑬ 4 × 1 = □

⑭ 4 × 2 = □

ようかい学校の　せいとにも
おやじギャグで　九九を　教えたいですね

1 レモンが **4**こずつ 入った 入れもんが **7**つ
あります。レモンは ぜんぶで 何こあるでしょうか?

しき		答え	

2 **4**本あしの ナイスな イスを **4**きゃく 買いました。
イスの あしは ぜんぶで 何本ありますか?

「な」イス!?

しき		答え	

3 南東の　ある島には　ライオンが　**4**頭ずつ　すんで
います。島は　ぜんぶで　**4**つ　あります。南東の
島じまには　ぜんぶで　何頭の　ライオンが　いますか？

しき

答え

4 ウツボが　**4**ひきずつ　入った　ボツボツした　つぼが
3つ　あります。　ウツボは　ぜんぶで　何びきですか？

しき

答え

なぞの クック仙人

ガンカケ山に
ついたぞ！

やっただ！

ガンカケ山

くっ くっ
くっ くっ
くっ くっ

ん？
この声は？

わたしは
クック仙人！

この山は かんたんに
のぼらせぬぞ！

くっ くっ
くっ

ぺゅー

なんか
へんなの
きた～!!

ガンカケ山に
のぼりたければ
この かけ算の
もんだいを とけ！

くっ くっ
くっ

もんだい

かけ算の もんだい？

ライオンにしか
見えないだよ？

まてよ！
ライオンは
「しし」とも
いうぞ！
つまり……

しし
獅子

ししは「4×4」
答えは「16」だ!!

さすがゾロリせんせ！

せいかいだ！
山を　のぼって
よいぞ

せいかいした
ごほうびに
プレゼントも　やろう！

もんだい

やった〜！
プレゼントって
なんだ？

とっても　かわいい
ししおクンだ！
なかよくしろよ

ウガーッ

ぎゃー!!

もんだい

ぽーーんっ

ししお

こわいだよー!!

なかよく
しろぉ〜!!

もんだい を 読んでから 右の ページの 5の だんの 九九 を
おぼえましょう。おぼえたら もんだいの しきと 答え を
たしかめましょう。

もんだい

キャンディーが 1ふくろに 5こ 入っています。
6ふくろ あると キャンディーは ぜんぶで
何こですか?

食べすぎは
い・きゃんで一

5の だんも このちょうしで
いくだ! ゴーゴー!!

＼＼ 声に出して 読もう ／／

5の だんの 九九

5の だんの 九九の しきと 答えを 声に 出して 読みましょう。

5×1 = 5

5×2 = 10

5×3 = 15

5×4 = 20

5×5 = 25

5×6 = 30

5×7 = 35

5×8 = 40

5×9 = 45

もんだいの しきと 答え

5×6 = 30　　30こ

5 5の　だんの　九九

1 九九を　声に　出しながら　☐　に　数を　書きましょう。

① 5 × ☐(いち) = ☐(が ご)

② 5 × ☐(に) = ☐(じゅう)

③ 5 × ☐(さん) = ☐(じゅうご)

④ 5 × ☐(し) = ☐(にじゅう)

⑤ 5 × ☐(ご) = ☐(にじゅうご)

⑥ 5 × ☐(ろく) = ☐(さんじゅう)

⑦ 5 × ☐(しち) = ☐(さんじゅうご)

⑧ 5 × ☐(は) = ☐(しじゅう)

⑨ 5 × ☐(く) = ☐(しじゅうご)

2 九九を　声に　出しながら　☐　に　数を　書きましょう。

① 5 × 1 = ☐

② 5 × 2 = ☐

③ 5 × 3 = ☐

④ 5 × 4 = ☐

⑤ 5 × 5 = ☐

⑥ 5 × 6 = ☐

⑦ 5 × 7 = ☐

⑧ 5 × 8 = ☐

⑨ 5 × 9 = ☐

3 □に あてはまる 数を 書きましょう。

❶ $5 \times 3 =$ □　　❽ $5 \times 8 =$ □

❷ $5 \times 2 =$ □　　❾ $5 \times 4 =$ □

❸ $5 \times 9 =$ □　　❿ $5 \times 7 =$ □

❹ $5 \times 6 =$ □　　⓫ $5 \times 2 =$ □

❺ $5 \times 7 =$ □　　⓬ $5 \times 3 =$ □

❻ $5 \times 1 =$ □　　⓭ $5 \times 9 =$ □

❼ $5 \times 5 =$ □　　⓮ $5 \times 4 =$ □

スパイなら 九九は
できて とうぜんね

1　イモが　すきな　**4**人の　妹が　イモほりに　行きました。
1人が　**5**こずつ　ほると　イモは　ぜんぶで　何こに
なりますか？

お兄ちゃ～ん！
土の中からおイモが
出たブ～!!

おならも
出てるぞ！

しき	答え

2　**5**まいの　ひょうしょうじょうを　もった　少女が　**2**人
います。ひょうしょうじょうは　ぜんぶで　何まいですか？

しき	答え

3 5人組の　にんじゃが　3組います。にんじゃは ぜんぶで　何人じゃ？

しき

答え

4 ウミガメが　海べで　たまごを　毎日　5こずつ うみます。4日間で　何この　たまごを　うみますか？

しき

答え

もんだい を　読んでから　右の　ページの　6の　だんの　九九 を
おぼえましょう。おぼえたら　もんだいの　しきと　答え を
たしかめましょう。

もんだい

クワガタには　あしが　6本　あります。
2ひき　いると　あしの　数は　ぜんぶで　何本ですか？

クワガタ
ちょっぴり
・・・・
くわがった!?
こわかった

それなら
・
むしするだ！

6の　だんに　なると　数が
大きくなってきて　おどろくだ

\\ 声に出して 読もう //

6の だんの 九九

6の だんの 九九の しきと 答えを 声に 出して 読みましょう。

ろく いち が ろく
$6 \times 1 = 6$

ろく に じゅうに
$6 \times 2 = 12$

ろく さん じゅうはち
$6 \times 3 = 18$

ろく し にじゅうし
$6 \times 4 = 24$

ろく ご さんじゅう
$6 \times 5 = 30$

ろく ろく さんじゅうろく
$6 \times 6 = 36$

ろく しち しじゅうに
$6 \times 7 = 42$

ろく は しじゅうはち
$6 \times 8 = 48$

ろっ く ごじゅうし
$6 \times 9 = 54$

もんだいの しきと 答え

$$6 \times 2 = 12 \quad 12本$$

1 九九を 声に 出しながら ☐ に 数を 書きましょう。

① 6 × ☐ = ☐
（ろく　いち　が　ろく）

② 6 × ☐ = ☐
（ろく　に　じゅうに）

③ 6 × ☐ = ☐
（ろく　さん　じゅうはち）

④ 6 × ☐ = ☐
（ろく　し　にじゅうし）

⑤ 6 × ☐ = ☐
（ろく　ご　さんじゅう）

⑥ 6 × ☐ = ☐
（ろく　ろく　さんじゅうろく）

⑦ 6 × ☐ = ☐
（ろく　しち　しじゅうに）

⑧ 6 × ☐ = ☐
（ろく　は　しじゅうはち）

⑨ 6 × ☐ = ☐
（ろっ　く　ごじゅうし）

2 九九を 声に 出しながら ☐ に 数を 書きましょう。

① 6 × 1 = ☐

② 6 × 2 = ☐

③ 6 × 3 = ☐

④ 6 × 4 = ☐

⑤ 6 × 5 = ☐

⑥ 6 × 6 = ☐

⑦ 6 × 7 = ☐

⑧ 6 × 8 = ☐

⑨ 6 × 9 = ☐

3 □に あてはまる 数を 書きましょう。

① 6 × 1 = □

② 6 × 9 = □

③ 6 × 7 = □

④ 6 × 8 = □

⑤ 6 × 4 = □

⑥ 6 × 3 = □

⑦ 6 × 6 = □

⑧ 6 × 5 = □

⑨ 6 × 2 = □

⑩ 6 × 3 = □

⑪ 6 × 5 = □

⑫ 6 × 9 = □

⑬ 6 × 7 = □

⑭ 6 × 8 = □

ぜんぶ とけたか？
おれには ちょっと むずかしいぜ……

43

1 とぶのが はぇー ハエには、あしが **6本** あります。
ハエが **3びき** いると、あしは ぜんぶで 何本ですか?

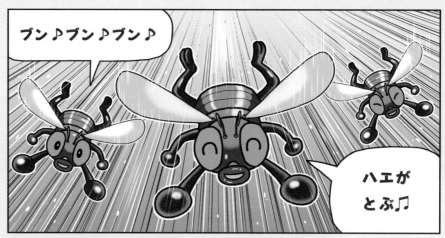

ブン♪ブン♪ブン♪

ハエが とぶ♫

しき

答え

2 おにが 毎日 オニオン（たまねぎ）を **6こずつ**
食べています。**7日間**で 何この オニオンを
食べますか?

おにの目にも なみだ……
目にしみる～

しき

答え

3 家の　そばの　そばやさんで　おきゃくさんが　6人ずつ
2つの　テーブルに　すわっています。おきゃくさんは
ぜんぶで　何人いますか？

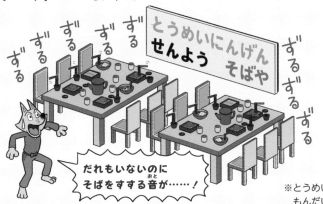

とうめいにんげん
せんよう　そばや

ずる ずる ずる ずる ずる ずるずるずる

だれもいないのに
そばをすする音が……！

※とうめいにんげんなのは
　もんだいと　かんけい　ありません。

しき	答え

4 プリンが　プリントされた　シャツが　6まいずつ
はこに　入っています。はこが　ぜんぶで　5はこ
あるとき、シャツは　ぜんぶで　何まいありますか？

シャツが
たっぷりん！

プリンTシャツ
6まいセット

しき	答え

もんだい を 読んでから 右の ページの 7の だんの 九九 を おぼえましょう。おぼえたら もんだいの しきと 答え を たしかめましょう。

もんだい

ケーキを 1つ つくるのに イチゴを 7こ つかいます。ケーキを 3つ つくるには イチゴは 何こ ひつようですか？

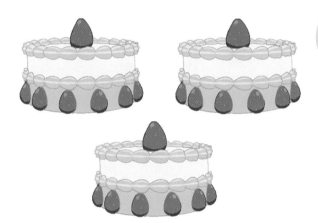

7の だんも マスターしたら いいこと あるかも!? ラッキーセブン！

\\ 声に出して 読もう //

7の だんの 九九

7の だんの 九九の しきと 答えを 声に 出して 読みましょう！

$7 \times 1 = 7$

$7 \times 2 = 14$

$7 \times 3 = 21$

$7 \times 4 = 28$

$7 \times 5 = 35$

$7 \times 6 = 42$

$7 \times 7 = 49$

$7 \times 8 = 56$

$7 \times 9 = 63$

もんだいの しきと 答え

$7 \times 3 = 21$　　21こ

7 7の だんの 九九

1 九九を 声に 出しながら ▢ に 数を 書きましょう。

❶ しち 7 × いち ▢ が = しち ▢

❷ しち 7 × に ▢ = じゅうし ▢

❸ しち 7 × さん ▢ = にじゅういち ▢

❹ しち 7 × し ▢ = にじゅうはち ▢

❺ しち 7 × ご ▢ = さんじゅうご ▢

❻ しち 7 × ろく ▢ = しじゅうに ▢

❼ しち 7 × しち ▢ = しじゅうく ▢

❽ しち 7 × は ▢ = ごじゅうろく ▢

❾ しち 7 × く ▢ = ろくじゅうさん ▢

2 九九を 声に 出しながら ▢ に 数を 書きましょう。

❶ 7 × 1 = ▢

❷ 7 × 2 = ▢

❸ 7 × 3 = ▢

❹ 7 × 4 = ▢

❺ 7 × 5 = ▢

❻ 7 × 6 = ▢

❼ 7 × 7 = ▢

❽ 7 × 8 = ▢

❾ 7 × 9 = ▢

3 □に あてはまる 数を 書きましょう。

① 7 × 1 = □

② 7 × 9 = □

③ 7 × 7 = □

④ 7 × 8 = □

⑤ 7 × 4 = □

⑥ 7 × 3 = □

⑦ 7 × 6 = □

⑧ 7 × 5 = □

⑨ 7 × 2 = □

⑩ 7 × 4 = □

⑪ 7 × 1 = □

⑫ 7 × 5 = □

⑬ 7 × 8 = □

⑭ 7 × 7 = □

7の だんは すこし にがてでしゅ

1 イモムシが イモの 買いものに 行きました。
1ふくろに **7こ** 入っている イモを **7ふくろ**
買いました。イモは ぜんぶで 何こでしょうか?

7ふくろ
ください

イモムシさん
もって帰れる
かい……?

しき	答え

2 けいきの わるい ケーキやさんで、1ふくろに
7こ 入っている クッキーを **4ふくろ** 買いました。
クッキーは ぜんぶで 何こですか?

ケーキ・ウルナイ

てづくり
クッキーも
あります
かってください

おいしいの
かな……?

しき	答え

3 2人の 女の子が います。2人が それぞれ
テニスボールを 7こずつ 手にすると ボールは
ぜんぶで 何こに なりますか?

しき

答え

4 夏に 毎日 ナッツを 7つずつ 食べました。6日間で
食べた ナッツは ぜんぶで 何こでしょうか?

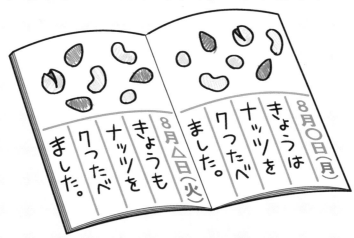

8月〇日(月) きょうは ナッツを 7つたべ ました。

8月△日(火) きょうも ナッツを 7つたべ ました。

しき

答え

のみものが ほしぃ～！

ガンカケ山をのぼる
ゾロリたちです

つかれた～

ゾロリせんせ
水が もうないだ……

こっちも
なくなった……

こまっているようだな！
山のぼりは
たいへんなのだ！

くっ くっ くっ

ぴゅ――っ

あ！ クック仙人！

また
きただ！

わたしの 出す
かけ算の もんだいに
せいかいしたら
ゴクゴクのめる
ジュースを やろう！

わーい!!

ホントか！
ありがたいぜ！

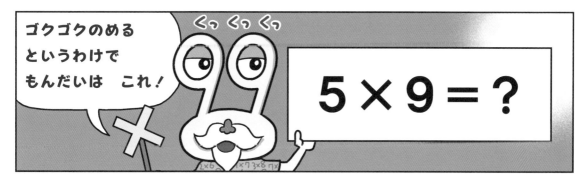

もんだい を 読んでから 右の ページの 8の だんの 九九 を おぼえましょう。おぼえたら もんだいの しきと 答え を たしかめましょう。

もんだい

ギョウザが 1つの おべんとうに 8こ 入っています。おべんとうが 4つ あると ギョウザは ぜんぶで 何こに なりますか?

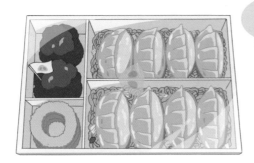

ギョウザ いつ 食べるんだ?

今日さ!

はやく 食べんとー!

8の だんまで おぼえただか!? すごいだ! パチパチ!!

\\声に出して 読もう//

8の だんの 九九

8の だんの 九九の しきと 答えを 声に 出して 読みましょう。

はち いち が はち
$8 \times 1 = 8$

はち に じゅうろく
$8 \times 2 = 16$

はち さん にじゅうし
$8 \times 3 = 24$

はち し さんじゅうに
$8 \times 4 = 32$

はち ご しじゅう
$8 \times 5 = 40$

はち ろく しじゅうはち
$8 \times 6 = 48$

はち しち ごじゅうろく
$8 \times 7 = 56$

はっ ぱ ろくじゅうし
$8 \times 8 = 64$

はっ く しちじゅうに
$8 \times 9 = 72$

もんだいの しきと 答え

$8 \times 4 = 32$　　32こ

8の だんの 九九

1 九九を 声に 出しながら ☐ に 数を 書きましょう。

❶ はち 8 × ☐ いち が = ☐ はち

❷ はち 8 × ☐ に = ☐ じゅうろく

❸ はち 8 × ☐ さん = ☐ にじゅうし

❹ はち 8 × ☐ し = ☐ さんじゅうに

❺ はち 8 × ☐ ご = ☐ しじゅう

❻ はち 8 × ☐ ろく = ☐ しじゅうはち

❼ はち 8 × ☐ しち = ☐ ごじゅうろく

❽ はっ 8 × ☐ ぱ = ☐ ろくじゅうし

❾ はっ 8 × ☐ く = ☐ しちじゅうに

2 九九を 声に 出しながら ☐ に 数を 書きましょう。

❶ 8 × 1 = ☐

❷ 8 × 2 = ☐

❸ 8 × 3 = ☐

❹ 8 × 4 = ☐

❺ 8 × 5 = ☐

❻ 8 × 6 = ☐

❼ 8 × 7 = ☐

❽ 8 × 8 = ☐

❾ 8 × 9 = ☐

3 □に あてはまる 数を 書きましょう。

① 8 × 1 =

② 8 × 8 =

③ 8 × 5 =

④ 8 × 9 =

⑤ 8 × 4 =

⑥ 8 × 3 =

⑦ 8 × 7 =

⑧ 8 × 6 =

⑨ 8 × 2 =

⑩ 8 × 6 =

⑪ 8 × 4 =

⑫ 8 × 9 =

⑬ 8 × 8 =

⑭ 8 × 5 =

九九は まほうじゃ
おぼえられないわ！
こつこつ がんばって!!

1 パイを　いっぱい　食（た）べたくて　**3**こ　買（か）いました。
1こを　**8**切（き）れずつに　切（き）ると、パイは　ぜんぶで
何（なん）切（き）れに　なりますか？

パイナップル
ジュースで
かんぱーい！

しき		答（こた）え

2 おだんごを　だんボールに　つめます。**1**パックに　**8**本（ほん）
入（はい）った　おだんごを　**6**パック　つめることが　できました。
おだんごは　ぜんぶで　何（なん）本（ぼん）　つめられたでしょうか？

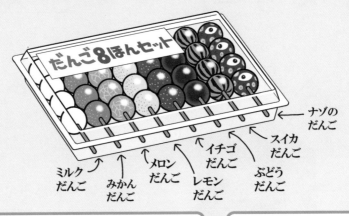

だんご8ほんセット

ミルク
だんご　みかん
だんご　メロン
だんご　レモン
だんご　イチゴ
だんご　ぶどう
だんご　スイカ
だんご　ナゾの
だんご

しき		答（こた）え

3 ハチミツが　8こ　入った　はこが　1はこ　あります。
ハチミツは　ぜんぶで　何こ　あるでしょうか？

ハチミツ
み〜つけた！

ねだんは
ひ・みつ！

しき

答え

4 8日間、ようかんを　よう（よく）　かんで　毎日
8こずつ　食べます。ぜんぶで　何この　ようかんを
食べますか？

ママが
よくかんでって
言ってたよなあ

もう80分も
かんでるわ……
ガムじゃないのに

しき

答え

もんだい を 読んでから 右の ページの 9の だんの 九九 を おぼえましょう。おぼえたら もんだいの しきと 答え を たしかめましょう。

もんだい

おまんじゅうを 9こずつ、ゾロリ・イシシ・ノシシの 3人に くばります。おまんじゅうは ぜんぶで 何こ ひつようですか?

わがしを 食べて さわがしい!!

いよいよ 9の だん! きゅうに きんちょうしてきただ……

声に出して 読もう

9の だんの 九九

9の だんの 九九の しきと 答えを 声に 出して 読みましょう。

$9 \times 1 = 9$

$9 \times 2 = 18$

$9 \times 3 = 27$

$9 \times 4 = 36$

$9 \times 5 = 45$

$9 \times 6 = 54$

$9 \times 7 = 63$

$9 \times 8 = 72$

$9 \times 9 = 81$

もんだいの しきと 答え

$$9 \times 3 = 27 \quad 27こ$$

 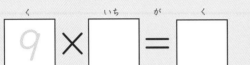

9の だんの 九九

1 九九を 声に 出しながら ☐ に 数を 書きましょう。

❶ 9 × ☐ = ☐
  く　いち　が　く

❷ 9 × ☐ = ☐
  く　に　じゅうはち

❸ 9 × ☐ = ☐
  く　さん　にじゅうしち

❹ 9 × ☐ = ☐
  く　し　さんじゅうろく

❺ 9 × ☐ = ☐
  く　ご　しじゅうご

❻ 9 × ☐ = ☐
  く　ろく　ごじゅうし

❼ 9 × ☐ = ☐
  く　しち　ろくじゅうさん

❽ 9 × ☐ = ☐
  く　は　しちじゅうに

❾ 9 × ☐ = ☐
  く　く　はちじゅういち

2 九九を 声に 出しながら ☐ に 数を 書きましょう。

❶ 9 × 1 = ☐

❷ 9 × 2 = ☐

❸ 9 × 3 = ☐

❹ 9 × 4 = ☐

❺ 9 × 5 = ☐

❻ 9 × 6 = ☐

❼ 9 × 7 = ☐

❽ 9 × 8 = ☐

❾ 9 × 9 = ☐

3 □に あてはまる 数を 書きましょう。

① 9 × 4 = □　　⑧ 9 × 1 = □

② 9 × 7 = □　　⑨ 9 × 5 = □

③ 9 × 9 = □　　⑩ 9 × 4 = □

④ 9 × 3 = □　　⑪ 9 × 5 = □

⑤ 9 × 6 = □　　⑫ 9 × 3 = □

⑥ 9 × 2 = □　　⑬ 9 × 1 = □

⑦ 9 × 8 = □　　⑭ 9 × 9 = □

数が 大きくても おちついて
九九を おもいだしてね！

1 イベント用に　おべんとうを　よういします。1はこに
9こずつ、3はこ　よういしました。おべんとうは
ぜんぶで　何こ　ありますか？

しき

答え

2 きゅうに　キュウリが　食べたくなって、4人で
9本ずつ　食べました。ぜんぶで　何本　食べましたか？

しき

答え

3 ここの 林には ココヤシの木が 1本 あります。
ココヤシの木には ココナッツが 9つ なっています。
ココナッツは ぜんぶで いくつ あるでしょうか？

ココナッツが
ここのっつ!!

しき

答え

4 キュウカンチョウの すが 9こ あります。 どの
すにも ひなが きゅうくつそうに 9羽ずつ います。
ひなは ぜんぶで 何羽 いるでしょうか？

どうぶつの鳴きまね
どこでおぼえたの
かしら……？

しき

答え

もんだい を　読んでから　右の　ページの　1の　だんの　九九 を
おぼえましょう。おぼえたら　もんだいの　しきと　答え を
たしかめましょう。

もんだい

でんどういちりんしゃを　1台　つくるのに　タイヤが
1本　ひつようです。7台　つくるには　タイヤは
何本　いりますか？

タイヤの　数が
知りたいや

1の　だんを　おぼえるまえに
サンドイッチで　はらごしらえだ！

\\ 声に出して　読もう //

1の　だんの　九九

1の　だんの　九九の　しきと　答えを　声に　出して　読みましょう。

1×1 ＝ 1

1×2 ＝ 2

1×3 ＝ 3

1×4 ＝ 4

1×5 ＝ 5

1×6 ＝ 6

1×7 ＝ 7

1×8 ＝ 8

1×9 ＝ 9

もんだいの　しきと　答え

1×7＝7　　　7本

10 1の だんの 九九

1 九九を 声に 出しながら □ に 数を 書きましょう。

① いん｜ × いち□ = いち□

② いん｜ × に□ = に□

③ いん｜ × さん□ = さん□

④ いん｜ × し□ = し□

⑤ いん｜ × ご□ = ご□

⑥ いん｜ × ろく□ = ろく□

⑦ いん｜ × しち□ = しち□

⑧ いん｜ × はち□ = はち□

⑨ いん｜ × く□ = く□

2 九九を 声に 出しながら □ に 数を 書きましょう。

① 1 × 1 = □

② 1 × 2 = □

③ 1 × 3 = □

④ 1 × 4 = □

⑤ 1 × 5 = □

⑥ 1 × 6 = □

⑦ 1 × 7 = □

⑧ 1 × 8 = □

⑨ 1 × 9 = □

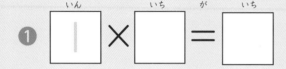

3 □に あてはまる 数を 書きましょう。

① 1 × 4 = □　　⑧ 1 × 8 = □

② 1 × 9 = □　　⑨ 1 × 6 = □

③ 1 × 5 = □　　⑩ 1 × 2 = □

④ 1 × 3 = □　　⑪ 1 × 6 = □

⑤ 1 × 2 = □　　⑫ 1 × 5 = □

⑥ 1 × 7 = □　　⑬ 1 × 8 = □

⑦ 1 × 1 = □　　⑭ 1 × 9 = □

おれさまには
らくしょうだぜ！

1 イチゴが 1こずつ、5まいの おさらに のっています。
イチゴは ぜんぶで 何こでしょうか?

まんなかのは
おらが食べる
だー!

しき	答え

2 ワニが 1ぴきずつ 1この わに なっています。ワニが
2ひき いるとき わは 何こに なるでしょうか?

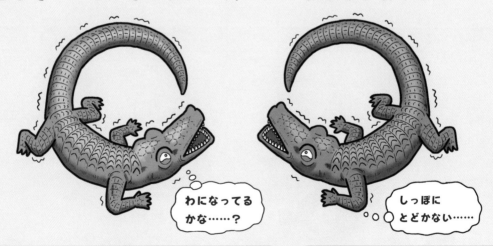

わになってる
かな……?

しっぽに
とどかない……

しき	答え

3 イクラが 1つぶ 1円で 売っています。9つぶ
買うと ぜんぶで いくらでしょうか？

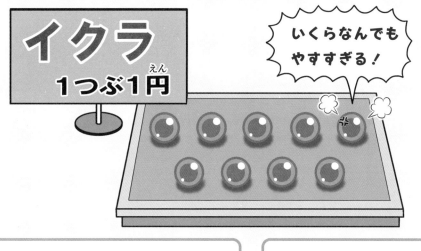

イクラ
1つぶ1円

いくらなんでも
やすすぎる！

しき		答え	

4 1台の ソファに 1人ずつ コックさんが コックリ
いねむりしています。ソファが 8台 あると、
コックさんは 何人でしょうか？

だれでもいいから
りょうりしてくれ～

しき		答え	

山の　エレベーター

ゾロリせんせ！エレベーターがあるだよ！

よし！これでてっぺんまで行こう！

山のエレベーター

つかれただ〜

そのエレベーターにのりたければもんだいをとけ！

出たなクック仙人！

もんだいだ！わたしのねんれいをあててみろ！

ヒントはわたしの顔だ！

顔……？9がふたつあるから99さいだか？

9＋9で18さい……でもわかすぎるだ

ここはやはりかけ算だろう！9×9で……

81か！

答えを　ひとつに
きめろ！

よし！
81さい！
どうだ〜！？

う……　はずれか！？

くっく81！
せいかいだ！

やったー！
エレベーターに
のれるぞ〜！！

よかっただー！

あれ！？　ゾロリせんせ！
この　エレベーター
下がってるだよー！？

のぼりの　エレベーターとは
言ってないぞ！　なんども　山を
のぼって　九九を　みにつけて
ほしいのだ

くりかえしが
たいせつだぞ

ぐいーん！！

ぴゅーっ

あーれー！！

クック仙人って
しんせつなの
かな？

九九の　ひょう

九九の　ひょう

たてに　かけられる数、よこに　かける数を　ならべて、
それぞれの　マスに　かけ算の　答えを　書いた　下のような
ひょうを　九九の　ひょうと　いいます。
ひょうを　見ながら　ここまでに　おぼえた　九九を
ふりかえりましょう。

×	かける数								
	1	2	3	4	5	6	7	8	9
1	1	2	3	4	5	6	7	8	9
2	2	4	6	8	10	12	14	16	18
3	3	6	9	12	15	18	21	24	27
4	4	8	12	16	20	24	28	32	36
5	5	10	15	20	25	30	35	40	45
6	6	12	18	24	30	36	42	48	54
7	7	14	21	28	35	42	49	56	63
8	8	16	24	32	40	48	56	64	72
9	9	18	27	36	45	54	63	72	81

（左の列の見出し：かけられる数）

九九の　ひょうから　わかること

❶ 九九の　ひょうでは　かける数が　１　ふえると
答えは　かけられる数だけ　ふえる。

・・・・・・・・・・・・・・・・・・・・・・・・・・・・・・・・・・・

れい　4の　だんの　答えは　かける数が　１　ふえると
4ずつ　ふえる。

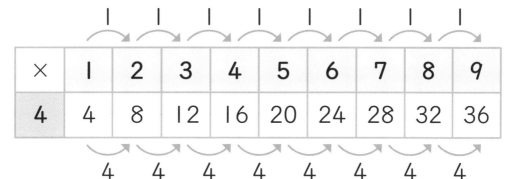

×	1	2	3	4	5	6	7	8	9
4	4	8	12	16	20	24	28	32	36

❷ かけられる数と　かける数を　入れかえても　答えは
同じになる。

・・・・・・・・・・・・・・・・・・・・・・・・・・・・・・・・・・・

れい　3×9の　答えと　9×3の　答えは　どちらも
同じ　27になる。

答えを　わすれたときは
このルールが　やくにたちそうだな

1 下の 九九の ひょうを かんせいさせましょう。

×		かける数							
		1	2	3	4	5	6	7	8	9
かけられる数	1									
	2									
	3									
	4									
	5									
	6									
	7									
	8									
	9									

わすれていたところは また
何回だって おぼえなおせばいい！

2 答えが 下の 数に なる 九九を 左の ひょうから
見つけて 書きましょう。

① 5 _____

② 9 _____

③ 14 _____

④ 21 _____

⑤ 27 _____

⑥ 40 _____

⑦ 48 _____

⑧ 54 _____

1 下の 九九の ひょうを かんせいさせましょう。

×	\multicolumn{9}{c}{かける数}
	2	3	7	5	8	4	6	1	9
2									
4									
9									
3									
7									
6									
8									
1									
5									

かけられる数

じゅんばんが バラバラだと
むずかしいだね……

2 下の 九九の ひょうを かんせいさせましょう。

×	かける数								
	8	9	3	6	1	4	2	5	7
3									
1									
7									
2									
5									
8									
6									
4									
9									

（かけられる数）

ぜんぶの 九九が すぐに
言えたら かんぺきね

もんだい を　読んでから　右の　ページの　**考え方** を　読んで
答え を　考えましょう。

もんだい

□ に　入る　数を　考えて　答えましょう。

① 2 × □ = 8

② 3 × □ = 27

③ 7 × □ = 14

いままでの　もんだいとは
少し　ちがうだね

九九を　つかって
とけるだか？

考え方

答えが わかっていて、かける数が わからないときは、かけられる数の 九九から 答えを さがしましょう。

❶ 2の だんで 答えが 8 になる 九九を さがします。

「に　し　が　はち」なので

$$2 \times \boxed{4} = 8$$

❷ 3の だんで 答えが 27 になる 九九を さがします。

「さん　く　にじゅうしち」なので

$$3 \times \boxed{9} = 27$$

❸ 7の だんで 答えが 14 になる 九九を さがします。

「しち　に　じゅうし」なので

$$7 \times \boxed{2} = 14$$

答え
① 4　② 9　③ 2

1 □に あてはまる 数を 書きましょう。

① 9 × 1 = □   ⑧ 7 × 3 = □

② 8 × 2 = □   ⑨ 5 × 7 = □

③ 2 × 8 = □   ⑩ 3 × 6 = □

④ 6 × 4 = □   ⑪ 1 × 5 = □

⑤ 4 × 9 = □   ⑫ 2 × 5 = □

⑥ 8 × 7 = □   ⑬ 5 × 6 = □

⑦ 1 × 9 = □   ⑭ 4 × 8 = □

これが ぜんぶ とければ
九九は もう ばっちりだ！

2 □に あてはまる 数を 書きましょう。

① $5 \times \square = 5$

② $1 \times \square = 6$

③ $8 \times \square = 16$

④ $4 \times \square = 16$

⑤ $2 \times \square = 18$

⑥ $9 \times \square = 27$

⑦ $3 \times \square = 15$

⑧ $7 \times \square = 49$

⑨ $6 \times \square = 48$

⑩ $8 \times \square = 48$

⑪ $3 \times \square = 27$

⑫ $1 \times \square = 5$

⑬ $2 \times \square = 16$

⑭ $5 \times \square = 15$

もう どんな もんだいだって
だいじょうぶだぜ！
どんなもんだい!!

1 原ゆたかが ハラハラしながら 3人の おにと おにぎりを 食べています。1人 5こ 食べると 4人で 何この おにぎりを 食べますか?

しき	答え

2 おかしな おかしを 1つ つくるのに、おさとうを さっと 9回 ふりかけます。おかしを 7つ つくるには おさとうは ぜんぶで 何回 ふりかけますか?

しき	答え

3 おでんわで おでんを ちゅうもんします。ちくわを
1さらに **2本** のせてもらい、**8さら** たのむと
ちくわは ぜんぶで 何本でしょう？

しき

答え

4 ゾロリは 毎日 さんぽで **3歩** 歩きます。**6日間**で
何歩 歩くでしょうか。

しき

答え

ねがいが かなって……!?

ゾロリたちは ふたたび 山を のぼり なんとか てっぺんに つきました

ついたぞ〜

やった〜

やっほ〜

よくぞ のぼりきった！ ねがいを かなえよう

ぴゅ〜っ

クック仙人！ あんたが かなえて くれるのか!?

おれさまの ねがいは ひとつ！ おしろが ほしいんだ!!

ゾロリ城！

どーん!!

おおー！ おしろが できたー!!

では かなえよう!!

くっく81！ くくくの く〜!!

答え

8〜9ページ

16〜17ページ

18〜19ページ

22〜23ページ

3 3の だんの 九九

まじめに れんしゅう！

月　日

1 九九を 声に 出しながら □ に 数を 書きましょう。

- 3 × 1 = 3
- 3 × 2 = 6
- 3 × 3 = 9
- 3 × 4 = 12
- 3 × 5 = 15
- 3 × 6 = 18
- 3 × 7 = 21
- 3 × 8 = 24
- 3 × 9 = 27

2 九九を 声に 出しながら □ に 数を 書きましょう。

- 3 × 1 = 3
- 3 × 2 = 6
- 3 × 3 = 9
- 3 × 4 = 12
- 3 × 5 = 15
- 3 × 6 = 18
- 3 × 7 = 21
- 3 × 8 = 24
- 3 × 9 = 27

3 □ に あてはまる 数を 書きましょう。

- 3 × 5 = 15
- 3 × 4 = 12
- 3 × 6 = 18
- 3 × 3 = 9
- 3 × 9 = 27
- 3 × 4 = 12
- 3 × 8 = 24
- 3 × 5 = 15
- 3 × 2 = 6
- 3 × 3 = 9
- 3 × 7 = 21
- 3 × 6 = 18
- 3 × 1 = 3
- 3 × 9 = 27

お金もうけには かけ算の べんきょうも 大切じゃ！

24〜25ページ

3 3の だんの 九九

まじめに まじめに れんしゅう！

月　日

1 ぼうを 3本 もった おぼうさんが 4人 います。ぼうは ぜんぶで 何本ですか？

ぼうを きに 入れたぞ!!　ところで なんのぼう？

（しき）3 × 4 = 12　（答え）12本

2 1本に 3つの 花が さく サザンカが 3本 はえています。花の 数は ぜんぶで いくつでしょうか？

サザンカ です　何本も 書くと　山茶花 とも

（しき）3 × 3 = 9　（答え）9つ

3 この 林には ヤシの木が 3本 あります。それぞれの ヤシの木に ヤシの みが 3こずつ なっています。ヤシの みは ぜんぶで 何こでしょうか？

ヤシで ヤシの木を つくりたい！

（しき）3 × 3 = 9　（答え）9こ

4 トラを 3頭 のせた トラックが 2台 通りました。トラは ぜんぶで 何頭でしょうか？

（しき）3 × 2 = 6　（答え）6頭

28〜29ページ

4 4の だんの 九九

まじめに れんしゅう！

月　日

1 九九を 声に 出しながら □ に 数を 書きましょう。

- 4 × 1 = 4
- 4 × 2 = 8
- 4 × 3 = 12
- 4 × 4 = 16
- 4 × 5 = 20
- 4 × 6 = 24
- 4 × 7 = 28
- 4 × 8 = 32
- 4 × 9 = 36

2 九九を 声に 出しながら □ に 数を 書きましょう。

- 4 × 1 = 4
- 4 × 2 = 8
- 4 × 3 = 12
- 4 × 4 = 16
- 4 × 5 = 20
- 4 × 6 = 24
- 4 × 7 = 28
- 4 × 8 = 32
- 4 × 9 = 36

3 □ に あてはまる 数を 書きましょう。

- 4 × 1 = 4
- 4 × 5 = 20
- 4 × 9 = 36
- 4 × 8 = 32
- 4 × 7 = 28
- 4 × 7 = 28
- 4 × 6 = 24
- 4 × 8 = 32
- 4 × 3 = 12
- 4 × 9 = 36
- 4 × 2 = 8
- 4 × 1 = 4
- 4 × 4 = 16
- 4 × 2 = 8

ようかい学校の せいとにも おやじギャグで 九九を 教えたいですね

30〜31ページ

4 4の だんの 九九 まじめにふまじめにれんしゅう！

1 レモンが 4こずつ 入った 入れもんが 7つ あります。レモンは ぜんぶで 何こあるでしょうか？
しき $4×7=28$　こたえ 28こ

3 南東の ある島には ライオンが 4頭ずつ すんで います。島は ぜんぶで 4つ あります。南東の 島じまには ぜんぶで 何頭の ライオンが いますか？
しき $4×4=16$　こたえ 16頭

2 4本あし ナイスな イスを 4きゃく 買いました。イスの あしは ぜんぶで 何本ありますか？
しき $4×4=16$　こたえ 16本

4 ウツボが 4ひきずつ 入った ボツボツした つぼが 3つ あります。ウツボは ぜんぶで 何びきですか？
しき $4×3=12$　こたえ 12ひき

36〜37ページ

5 5の だんの 九九 まじめに れんしゅう！

1 九九を 声に 出しながら □に 数を 書きましょう。
$5×1=5$　$5×6=30$
$5×2=10$　$5×7=35$
$5×3=15$　$5×8=40$
$5×4=20$　$5×9=45$
$5×5=25$

2 九九を 声に 出しながら □に 数を 書きましょう。
$5×1=5$　$5×6=30$
$5×2=10$　$5×7=35$
$5×3=15$　$5×8=40$
$5×4=20$　$5×9=45$
$5×5=25$

3 □に あてはまる 数を 書きましょう。
$5×3=15$　$5×8=40$
$5×2=10$　$5×4=20$
$5×9=45$　$5×7=35$
$5×6=30$　$5×2=10$
$5×7=35$　$5×3=15$
$5×1=5$　$5×9=45$
$5×5=25$　$5×4=20$

38〜39ページ

5 5の だんの 九九 まじめにふまじめにれんしゅう！

1 イモが すきな 4人の 林が イモほりに 行きました。1人が 5こずつ ほると イモは ぜんぶで 何こに なりますか？
しき $5×4=20$　こたえ 20こ

3 5人組の にんじゃが 3組います。にんじゃは ぜんぶで 何人じゃ？
しき $5×3=15$　こたえ 15人

2 5まいの ひょうしょうじょうを もった 少女が 2人 います。ひょうしょうじょうは ぜんぶで 何まいですか？
しき $5×2=10$　こたえ 10まい

4 ウミガメが 海べで たまごを 毎日 5こずつ うみます。4日間で 何この たまごを うみますか？
しき $5×4=20$　こたえ 20こ

42～43ページ

44～45ページ

48～49ページ

50〜51ページ

56〜57ページ

58〜59ページ

9 9の だんの 九九

まじめに れんしゅう！

とりくんだ 日　月　日

1 九九を 声に 出しながら □に 数を 書きましょう。

① 9 × 1 = 9	⑥ 9 × 6 = 54
② 9 × 2 = 18	⑦ 9 × 7 = 63
③ 9 × 3 = 27	⑧ 9 × 8 = 72
④ 9 × 4 = 36	⑨ 9 × 9 = 81
⑤ 9 × 5 = 45	

2 九九を 声に 出しながら □に 数を 書きましょう。

① 9 × 1 = 9	⑥ 9 × 6 = 54
② 9 × 2 = 18	⑦ 9 × 7 = 63
③ 9 × 3 = 27	⑧ 9 × 8 = 72
④ 9 × 4 = 36	⑨ 9 × 9 = 81
⑤ 9 × 5 = 45	

3 □に あてはまる 数を 書きましょう。

① 9 × 4 = 36	② 9 × 1 = 9
③ 9 × 7 = 63	④ 9 × 5 = 45
⑤ 9 × 9 = 81	⑥ 9 × 4 = 36
⑦ 9 × 3 = 27	⑧ 9 × 5 = 45
⑨ 9 × 6 = 54	⑩ 9 × 3 = 27
⑪ 9 × 2 = 18	⑫ 9 × 1 = 9
⑬ 9 × 8 = 72	⑭ 9 × 9 = 81

数が 大きくても おもいついて
九九を 思い出してね！

9 9の だんの 九九

まじめに ふまじめに れんしゅう！

とりくんだ 日

1 イベント用に おべんとうを よういします。1はこに 9こずつ、3はこ よういしました。おべんとうは ぜんぶで 何こ ありますか？

しき	9 × 3 = 27	こたえ	27こ

2 きゅうに キュウリが 食べたくなって、4人で 9本ずつ 食べました。ぜんぶで 何本 食べましたか？

しき	9 × 4 = 36	こたえ	36本

3 ここの 林には ココヤシの木が 1本 あります。ココヤシの木には ココナッツが 9つ なっています。ココナッツは ぜんぶで いくつ あるでしょうか？

しき	9 × 1 = 9	こたえ	9つ

4 キュウカンチョウの すが 9こ あります。どの すにも ひなが きゅうくつそうに 9羽ずつ います。ひなは ぜんぶで 何羽 いるでしょうか？

しき	9 × 9 = 81	こたえ	81羽

10 1の だんの 九九

まじめに れんしゅう！

とりくんだ 日

1 九九を 声に 出しながら □に 数を 書きましょう。

① 1 × 1 = 1	⑥ 1 × 6 = 6
② 1 × 2 = 2	⑦ 1 × 7 = 7
③ 1 × 3 = 3	⑧ 1 × 8 = 8
④ 1 × 4 = 4	⑨ 1 × 9 = 9
⑤ 1 × 5 = 5	

2 九九を 声に 出しながら □に 数を 書きましょう。

① 1 × 1 = 1	⑥ 1 × 6 = 6
② 1 × 2 = 2	⑦ 1 × 7 = 7
③ 1 × 3 = 3	⑧ 1 × 8 = 8
④ 1 × 4 = 4	⑨ 1 × 9 = 9
⑤ 1 × 5 = 5	

3 □に あてはまる 数を 書きましょう。

① 1 × 4 = 4	② 1 × 8 = 8
③ 1 × 9 = 9	④ 1 × 6 = 6
⑤ 1 × 5 = 5	⑥ 1 × 2 = 2
⑦ 1 × 3 = 3	⑧ 1 × 6 = 6
⑨ 1 × 2 = 2	⑩ 1 × 5 = 5
⑪ 1 × 7 = 7	⑫ 1 × 8 = 8
⑬ 1 × 1 = 1	⑭ 1 × 9 = 9

おれさまには らくしょうだぜ！

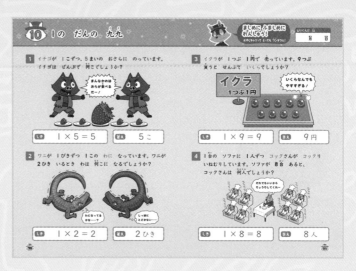

82～83ページ

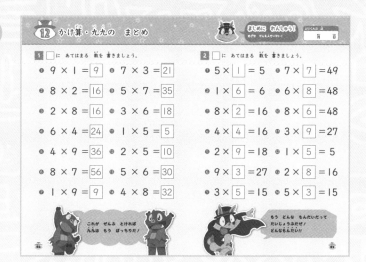

84～85ページ

この　本の　もんだいを
ときった　キミは　さんすう　＆
おやじギャグマスターだ！

まじめにふまじめにおぼえるかいけつゾロリの算数 小学2年生　かけ算・九九

2024年2月　第1刷

原作	原ゆたか（「かいけつゾロリ」シリーズ ポプラ社刊）
イラスト	大崎亮平　亜細亜堂
おやじギャグ制作	一般社団法人日本だじゃれ活用協会
デザイン	佐藤綾子
校正	崎山尊教
発行者	千葉 均
編集	柘植智彦　井熊 瞭
発行所	株式会社ポプラ社
	〒102-8519　東京都千代田区麹町4-2-6
ホームページ	www.poplar.co.jp
印刷・製本	中央精版印刷株式会社

ISBN978-4-591-18047-1　N.D.C.410 ／ 95P ／ 26cm ／ Printed in Japan
© 原ゆたか／ポプラ社・BNP・NEP

P4900377